果树合理整形修剪图解系列

桃树
合理整形修剪
—图—解—

陈敬谊 主编

U0389700

化学工业出版社
·北京·

图书在版编目（CIP）数据

桃树合理整形修剪图解/陈敬谊主编. —北京：
化学工业出版社，2018.11（2023.6重印）
（果树合理整形修剪图解系列）
ISBN 978-7-122-32949-3

Ⅰ. ①桃… Ⅱ. ①陈… Ⅲ. ①桃-修剪-图解 Ⅳ.
①S662.105

中国版本图书馆CIP数据核字（2018）第200901号

责任编辑：邵桂林　　　　　　　装帧设计：韩　飞
责任校对：王素芹

出版发行：化学工业出版社
　　　　　（北京市东城区青年湖南街13号　邮政编码100011）
印　　装：北京建宏印刷有限公司
787mm×1092mm　1/32　印张5¾　字数45千字
2023年6月北京第1版第6次印刷

购书咨询：010-64518888　　售后服务：010-64518899
网　　址：http://www.cip.com.cn
凡购买本书，如有缺损质量问题，本社销售中心负责调换。

定　　价：30.00元　　　　　　　版权所有　违者必究

编写人员名单

主　　编　　陈敬谊

编写人员　　陈敬谊　　程福厚

　　　　　　贾永祥　　赵志军

　　　　　　柳焕章　　董印丽

　　　　　　张纪英　　刘艳芬

桃树合理整形修剪图解

前 言
PREFACE

　　果树栽培面积大，是农民创收、致富的主要途径之一。果树整形修剪是搞好果树栽培管理的重要环节之一，在果树生产中整形修剪技术运用是否得当对果树产量和品质影响重大。整形修剪的目的是为了使果树早结果、早丰产，延长其经济寿命，同时获得优质的果品，提高果树栽培的经济效益，使栽培管理更加方便省工。科学的整形修剪能调节枝梢生长量和结果部位，构建合理的树冠结构，改善树冠通风透光条件，有效利用光能。

　　修剪技术是一个广义的概念，不仅包括修剪，还包括许多作用于枝、芽的技术，如环剥、拉枝、扭梢、摘心、环刻等技术工作。随着社会及现代农业的发展，果树的管理越来越趋向于简化管理，进行省工省力化栽培。果树整形修剪技术也与过去传统的修剪方法有了很大区别。但生产中普遍存在整形修剪不规范、修剪技术陈旧落后、修剪方法运用不当、修剪程序或过程烦琐、重冬季修剪轻夏季修剪等问题，严重影响了果树的产量、品质及其经济效益。

为了在果树生产中更好地推广和应用果树整形修剪技术，笔者结合多年教学、科研、生产实践经验，编写了《桃树合理整形修剪图解》一书。本书以图文结合的方式详细讲解了桃树合理整形修剪技术，力图做到先进、科学、实用，便于读者掌握，为果树优质丰产打基础。

本书主要包括整形修剪基础，果树整形修剪的时期及方法，桃树常用树形及其整形技术，不同年龄时期、品种桃树的修剪，桃树不同品种群修剪特点，长梢修剪技术及应用等内容。需注意的是，整形修剪时应该根据树种、树龄和树势、肥水条件、密度、生长期、管理水平、品种等方面综合考虑，因"树"制宜，灵活运用，并要把冬季修剪和夏季修剪放在同等重要的地位，二者结合起来，才能达到应有的效果。但也应强调修剪不是万能的，要同时做好果树土肥水管理、病虫害防治等技术工作，才能达到优质丰产的目的。

本书内容实用，图文并茂，文字简练、通俗易懂，适合果树技术人员及果农使用。

由于笔者水平有限，加之时间仓促，疏漏和不妥之处在所难免，敬请广大读者批评指正。

编　者
2018年10月

第一章

整形修剪基础

整形修剪目的

一、果树树体结构

果树的地上部（见图1-1），包括主干和树冠两部分。树冠由中心干、主枝、侧枝和枝组构成，其中中心干、主枝和侧枝统称骨干枝，是组成树冠骨架的永久性枝的统称。

1. 树冠

由中心干、主枝、侧枝、辅养枝、枝组组成。树冠是树干以上所有着生的枝、叶所构成的形体。

图1-1　桃树幼树树体结构

1—树冠；2—侧枝；3—主枝；4—干高

2. 主干

地面至第一主枝之间的部分。主要作用是传递养分，将根部吸收的水分、无机盐、叶片制造的有机物传到树冠内的枝叶上，并将叶片产生的光合产物输送到根部。主干还起到支撑作用。主干的选留长短，由所选品种、树形和株行距而定，一般定干高度约 60 ～ 80 厘米，主干高度为 40 ～ 50 厘米。

3. 中心干

也叫中央领导干，指树冠中的主干垂直延长部分。主要起维持树势和树形的作用。桃树由于喜光性强，一般多为开心形树形，不配制中心干。

4. 主枝

从中心干上分生出来的大枝条，是构成树冠的永久性枝。主枝分层分布，从下向上分为第一层主枝、第二层主枝等。主枝的数目因不同树形而不等。

5. 侧枝

着生在主枝上的枝。侧枝是枝组着生的部位，一般分布在主枝的两侧。主枝上从主干向外分别为第一侧枝、第二侧枝。在主枝上选角度、方向合适的枝条培养成侧枝，侧枝的数目因树形而异。一般三主枝和株距较大的二主枝上有侧枝，树体越大，侧枝越多。侧枝的角度要大于主枝，生长势要弱于主枝，在树体结构上形成层次。

6. 骨干枝

构成果树树冠骨架的永久性大枝，包括主枝、侧枝。

7. 延长枝

各级骨干枝先端的延长部分。

8. 辅养枝

实际上是临时性结果枝组，起辅助主枝、侧枝乃至整个树体的生长的作用。在幼树整形期间，枝量大，幼树生长快，除主枝、侧枝之外，应保留几个辅养枝，以增加营养面积，加速扩大树冠。但辅养枝不能喧宾夺主，如果辅养枝的生长影响主枝的生长，就要逐渐回缩，随着主、侧枝逐年长大，辅养枝逐年缩小，3年内将辅养枝疏除。不宜留大的辅养枝。

9. 枝组

由结果枝和生长枝组成的一组枝条。枝组是具有两个以上分枝的枝群，是生长结果的基本单位，着生在主枝上，分为大、中、小三种。大、中和小型结果枝组分别约长80厘米、60厘米和40～50厘米，结果枝组上面着生各种结果枝，枝组有一定的位置、角度和方向，结果枝组的生长势与主枝、侧枝保持一定的从属关系。枝组本身有带头枝，其上面的结果枝与带头枝形成从属关系。枝组在主枝上分布，背上和外围应以中、小型枝组为主，两侧及背下中、大型枝可多一些。枝组是果树生长和结果的基本单位，培养良好的枝组是丰产的基础，调整枝组布局是连年丰产、优质、延长盛果期的关键。做到树冠上稀下密，外疏内密，有利于通风透光。

二、整形、修剪的概念

1. 整形

是指从桃幼树定植后开始，把每一株树都剪成既符合其生长结果特性，又适应于不同栽植方式、便于田间管理的树形，直到树体的经济寿命结束，这一过程叫整形。

整形的主要内容包括以下三方面：

（1）主干高低的确定　主干是指从地面开始到第一主枝的分枝处的高度。主干的高低和树体的生长速度、增粗速度呈反相关关系。栽培生产中，应根据果园地点的土层厚度、土壤肥力、土壤质地、灌溉条件、栽植密度、生长期温度高低、管理水平等方面进行综合考虑。一般情况下，有利于树体生长的因素越多，定干可高些，反之则低些。

（2）骨干枝的数目、长短、间隔距离　骨干枝是指构成树体骨架的大枝（主枝和大的侧枝），选留的原则是：在能满足占满空间的前提下，大枝越少越好，修剪上真正做到大枝亮堂堂、小枝闹攘攘。

（3）主枝的伸展方向和开张角度的确定　主枝尽量向行间延伸，避免向株间方向延伸，以免造成郁闭和交叉，主枝的开张角度应根据密度来确定，密度越大，开张角度应该加大，密度小则角度应小，目的是有利于控制树冠的大小。

2. 修剪

修剪就是在整形过程中和完成整形后，为了维持良好的树体结构，使其保持最佳的结果状态，每年都要对树冠内的枝条，冬季适度地进行疏间、短截和回缩，夏季采用拉枝、扭梢、摘心等技术措施，以便在一定形状的树冠上，使其枝组之间新旧更替，结果不绝，直到树体衰老不能再更新为止，这就叫修剪。

三、整形修剪的目的

整形修剪是桃树生产上一项重要的管理技术之一。整形修剪能调节枝梢生长量和结果部位，构建合理的树冠结构，改善树冠通风透光条件，有效利用光能，果树整形修剪的目的是为了使果树早结果、早丰产，延长其经济寿命，同时获得优质的果品，提高经济效益，使栽培管理更加方便省工。具体说有以下几点：

1. 通过修剪完成果树的整形

果树通过修剪，使其有合理的干高，骨干枝分布均匀，伸展方向和着生角度适宜，主从关系明确，树冠骨架牢固，与栽培方式相适应，为丰产、稳产、优质打下良好的基础。同时通过修剪使树冠整齐一致，每个单株所占的空间相同，能经济地利用土地，并且便于田间的统一管理。

2. 调节生长与结果的关系

果树生长与结果的矛盾是贯

穿于其生命过程中的基本矛盾。从果树开始结果以后，生长与结果多年同时存在，相互制约，对立统一，在一定条件下可以相互转化，修剪主要是应用果树这一生物学特性，对不同树种、不同品种、不同树龄、不同生长势的树，适时、适度地做好这一转化工作，使生长与结果建立起相对的平衡关系。

3. 改善树冠光照状况，加强光合作用

果树所结果实中，90%～95%的有机物质都来自光合作用，因此要获得高产，必须从增加叶片数量、叶面积系数、延长光合作用时间和提高叶片光合率4个方面入手。整形修剪就是在

很大程度上对上述因素发生直接或间接的影响。例如选择适宜的矮、小树冠，合理开张骨干枝角度，适当减少大枝数量，降低树高，拉大层间距，控制好大枝组等。都有利于形成外稀里密、上疏下密、里外透光的良好结构。另外，可以结合枝条变向，调整枝条密度，改善局部或整体光照状况，从而使叶片光合作用效率提高，有利于成花和提高果实品质。

4. 改善树体营养和水分状况，更新结果枝组，延长树体衰老

整形修剪对果树的一切影响，其根本原因都与改变树体内营养物质的产生、运输、分配

和利用有直接关系。如重剪能提高枝条中水分含量，促进营养生长，扭梢、环剥可以提高手术部位以上的碳水化合物含量，从而使碳氮比增加，有利于花芽形成。通过对结果枝的更新，做到"树老枝不老"。

总之，整形与修剪可以对果树产生多方面的影响，不同的修剪方法、有不同的反应，因此，必须根据果树生长结果习性，因势利导，恰当灵活地应用修剪技术，使其在果树生产中发挥积极的作用。

四、修剪对果树的作用

修剪技术是一个广义的概念，不仅包括修剪，还包括许多作用于枝、芽的技术，如环剥、拉枝、扭梢、摘心、环刻等技术工作。

整形修剪应可调整树冠结构的形成，果园群体与果树个体以及个体各部分之间的关系。而其主要作用是调节果树生长与结果。

现具体谈一下修剪对幼树和结果树的作用。

1. 修剪对幼树的作用

修剪对幼树的作用可以概括成8个字：整体控制，局部促进。

（1）局部促进作用　修剪后，可使剪口附近的新梢生长旺盛，叶片大，色泽浓绿。原因有以下几点。

① 储藏养分增多　修剪后，

由于去掉了一部分枝芽，使留下来的逢生组织，如芽、形成层，得到的树体储藏养分相对增多根系、主干、大枝是储藏营养的器官，修剪时对这些器官没影响，剪掉一部分枝后，使储藏养分与剪后分生组织的比例增大，碳氮比及矿质元素供给增加，同时根冠比加大，所以新梢生长旺、叶片大。

②修剪后改变了新梢的含水量 据研究，修剪树的新梢、结果枝、果台枝的含水量都有所增加，未结果的幼树水分增加的更多，水分改善的原因有：a.根冠比加大，总叶面积相对减少，蒸腾量减少，生长前期最明显；b.水分的输导组织有所改善，因为不同枝条中输导组织

不同，导水能力也不同，短枝中有网状和孔状导管，导水力差，剪后短枝减少，全树水分供应可以改善；长枝有环纹或螺纹导管，导水能力强，但上部导水能力差，剪掉枝条上部可以改善水分供应；因此在干旱地区或干旱年份修剪应稍重一些，可以提高果树的抗旱能力。

③ 修剪后枝条中促进生长的激素增加　据测定，修剪后的枝条内细胞激动素的活性比不修剪的高90%，生长素高60%，这些激素的增加，主要出现在生长季。从而促进新梢的生长。

（2）整体抑制作用　修剪可以使全树生长受到抑制，表现为总叶面积减少，树冠、根系分布范围减少，修剪越重，抑制作用越明显。其原因为：①修剪剪去了一部分同化养分，一亩苹果修剪后，剪去纯氮3千克，磷0.867千克，钾2.5千克，相当于全年吸收量的5%～7%，很多碳水化合物被剪掉了；②修剪时剪掉了大量的生长点，使新梢数量减少，因此叶片减少，碳水化合物合成减少，影响根系的生长，由于根系生长量变小，从而抑制地上部生长；③伤口的影响。修剪后伤口愈合需要营养物质和水分，因此对树体有抑制作用，修建量愈大，伤口愈多，抑制作用越明显。所以，修剪时应尽量减少或减小伤口面积。

修剪对幼树的抑制作用也因不同地区而有差异，生长季长的地区抑制作用较轻，反之较重。

2. 修剪对成年树的作用

（1）成年树的特点　　成年树的特点是枝条分生级次增多，水分、养分输导能力减弱，加以生长点多，叶面积增加，水分蒸腾量大，水分状况不如幼树。由于大部分养分用于花芽的形成和结果，使营养生长变弱，生长和结果失去平衡，营养不足时，会造成大量落花落果，产量不稳定，优势会形成"大小年"。

此外成年树易形成过量花芽，过多的无效花和幼果白白消耗树体储藏营养，使营养生长减弱，随着树龄增长，树冠内出现秃壳现象，结果部位外移，坐果率降低，产量和品质降低，抗逆性下降。

（2）修剪的作用

修剪的作用主要表现在以下方面：

① 改善分生组织与储藏养分的比例　通过修剪可以把衰弱的枝条和细弱的结果枝疏掉或更新，改善了分生组织与储藏养分的比例，同时配合营养枝短截，这样改善水分输导状况，增加了营养生长势力，起到了更新的作用，使营养枝增多，结果枝减少，光照条件得到改善，所以成年树的修剪更多地表现为促进营养生长，提高果树生长和结果的平衡关系，因此，连年修剪可以使树体健壮，实现连年丰产的目的。

② 延迟树体衰老　利用修剪经常更新复壮枝组，可防止秃

第一章　整形修剪基础

21

裸，延迟衰老，对衰老树用重回缩修剪配合肥水管理，能使其更新复壮，延长其经济寿命。

③ 提高坐果率，增大果实体积，改善果实品质　这种作用对水肥不足的树更明显。而在水肥充足的树上修剪过重，营养生长过旺，会降低坐果率，果实变小，品质下降。

修剪对成年树的影响时间较长，因为成年树中，树干、根系储藏营养多，对根冠比的平衡需要的时间长。

第二节

生长结果习性

果树的生长结果习性包括根

桃树合理整形修剪图解

系、芽、枝、叶、开花、结果、果树的发育等特性。按照果树的生长结果习性，进行科学的管理，是果树丰产、高效的基础。

一、根的特性

根系是桃树赖以生存的基础，是果树的重要地下器官。根系的数量、粗度、质量、分布深浅、活动能力强弱，直接影响苹果树地上部的枝条生长、叶片大小、花芽分化、坐果、产量和品质。土壤的改良、松土、施肥、灌水等重要果树管理措施，都是为了给根系生长发育创造良好的条件，以增强根系生长和代谢活动、调节树体上下部平衡、协调生长，从而实现桃树丰产、优质、高效的生产目的。我们常说的"根本"一词就是说"根"才是树的"本",是桃树地上部生长的基础,根系生长正常与否都能从地上部的生长状态上充分表现出来。

桃树多采用嫁接栽培,桃栽培品种苗木,其砧木为实生苗,根系则为实生根系。

1. 根系的功能

根是桃树重要的营养器官,根系发育的好坏对地上部生长结果有重要影响。根系有固定、吸收、输导、合成、储藏、繁殖6大功能。

(1)固定 根系深入地下,既有水平分布又有垂直分布,具有固定树体、抗倒伏的作用。

(2)吸收 根系能吸收土壤

中的水分和许多矿物质元素。

（3）储藏营养　根系具有储藏营养的功能，苹果树第二年春季萌芽、展叶、开花、坐果、新梢生长等所需要的营养物质，都是由上一年秋季落叶前，叶片制造的营养物质，通过树体的韧皮部向下输送到根系内储藏起来，供应树体地上部第二年开始生长时利用的。

（4）合成　根系是合成多种有机化合物的场所，根毛从土壤中吸收到的铵盐、硝酸盐，在根内转化为氨基酸、酰胺等，然后运往地上部，供各个器官（花、果、叶等）正常生长发育的需要。根还能合成某些特殊物质，如激素（细胞分裂素、生长素）和其他生理活性物质，对地上部生长起调节作用。

（5）输导作用　根系吸收的水分和矿质营养元素需通过输导根的作用，运输到地上部供应各器官的生长和发育需要。

（6）有萌蘖更新、形成新的独立植株的能力

2. 果树根系的结构

桃树多采用嫁接栽培，栽培品种苗木，其砧木为实生苗，根系则为实生根系。桃根系通常由主根、侧根和须根组成。用无性繁殖的植株没有主根。

（1）主根　由种子胚根发育而成。种子萌发时，胚根最先突破种皮，向下生长而形成的根就是主根。它的作用是固定支持上部的树干和树冠、增加根系的

垂直分布深度、产生侧根以及运输根系吸收的水分、养分到地上部等。

（2）侧根　在主根上面着生的各级较粗大的分枝。侧根可增加根系的水平分布范围，与主根共同构成根系的骨架，与主根具有相同的作用。树体在水平范围内对土壤水分和营养的吸收利用程度，取决于侧根的发育程度。

（3）须根　在侧根上形成的较细（一般直径小于2.5毫米）的根系。须根是根系的最活跃的部位。可促进根系向新土层的推进，既是根系的伸长生长部位，又是根系从土壤中吸收水分和养分的部位。土壤中的水分和养分是靠直径1毫米以下的细根吸收的。栽植时，苗木上应尽量多带些须根。

须根是根系的最活跃的部位。须根的先端为根毛，是直接从土壤中吸收水分和养分的器官。

砧木不同，根系发育状况不同。毛桃砧根系发育好，须根较多，垂直分布较深，能耐瘠薄的土壤；山桃主根发达，须根少，根系分布较深，能耐旱、耐寒，适于高寒山地栽种；寿星桃的主根短，根群密，细根多；李砧根系浅，细根多。

3. 根系的分布

桃属浅根系树种，其根系分布的深广度因砧木种类、品种特性、土壤条件和地下水位等而不同。

（1）水平分布　桃的根系较浅，水平根较发达，分布范围为树冠直径的1～2倍，但主要分布在树冠范围之内或稍远。

（2）垂直分布　桃的垂直根不发达，垂直分布受土壤条件影响大，排水良好的沙壤土，根系主要分布于20～50厘米的土层中。在土壤黏重、排水不良、地下水位高的桃园，根系主要分布在5～15厘米的土层中。在无灌溉条件而土层深厚的条件下，垂直根可深入土壤深层，有较强的耐旱性。桃树的吸收根主要分布在树冠外围20厘米左右、深20～50厘米的土壤内。

毛桃砧的根系发育好，分布深广；山桃砧须根少，分布较深；寿星桃砧和李砧细根多，直根短，分布浅。

4. 影响根系生长的因子

（1）地上部有机养分的供应 叶片制造的养分及茎尖、幼叶合成的激素向根系的回流是影响根系生长的主要因素。

（2）土壤温度 春季土壤温度达0.5℃时根系开始活动，7～8℃时根系开始加快生长，最适温度13～27℃。温度升高达30℃时，根系生长逐渐减缓、停止，超过35℃会引起根系死亡。不同的砧木对温度的要求不同，一般杜梨要求温度较低，砂梨、豆梨要求较高。

（3）土壤水分 最适宜根系生长的土壤含水量是田间最大持水量的60%～80%，当土壤含水量降到最大持水量的40%左右时，根系生长完全停止。

（4）土壤透气性　根系的呼吸需消耗土壤中的氧气，在土壤黏重、板结或涝洼地的果园，土壤中的氧气会限制根系生长。当土壤空气中的氧气达到15%时，新根生长旺盛，到10%时，根系活动正常，到5%时生长缓慢，到3%时则生长停止。

（5）土壤养分　土壤养分越富集，根系分布越集中。在肥水投入有保证的情况下，通过集中施肥、适当减少根系的分布范围，形成相对集中但密度大活性强的根系，可减少因根系扩大而消耗的营养物质，利于果树丰产优质。

（6）土壤微生物　土壤条件

适宜，通过有益微生物的活动，将土壤中的高分子有机物质、被土壤固定的矿物质分解释放成根系能够吸收的有效成分。

（7）土壤含盐量　土壤含盐量超过0.2%时，新根的生长即受到抑制，超过0.3%时，根系受伤害。

（8）土壤pH值（酸碱度）　土壤pH值主要通过影响土壤养分的有效性和微生物活动来影响根系的生长和吸收活动，其作用是间接的。pH值超过7.5的碱性土壤上常发生缺铁黄叶现象，不是铁元素缺乏，而是因为pH值高，铁成为不可利用状态。如果将土壤pH值调整到7左右时，铁元素就可转化为可利用状态，缺铁失绿症也就减轻或消失；当

pH值为6.5左右时，硝化细菌活动旺盛，能为树体提供较多的硝态氮素。

5. 根系的年生长动态

根系在年生长周期中没有自然休眠，只要温度适宜就可生长。

据报道，春季土温0℃以上根系就能吸收氮素，5℃新根开始生长。7月中下旬至8月上旬土温升至26～30℃时，根系停止生长。秋季土温稳定在19℃时，出现第2次生长高峰，对树体积累营养和增强越冬能力有重要意义。初冬土温降至11℃以下，根系停止生长，被迫进入冬季休眠。

桃根系的年生长周期中有两

个生长高峰期。5～6月份，土壤温度为20～21℃时是根系生长最旺盛的季节，为第一个生长高峰期；9～10月份，新梢停止生长，叶片制造的大量有机养分向根部输送，土温在20℃左右，根系进入第二个生长高峰期。

桃根系好氧性强，当土壤空气氧含量在15%以上时，树体生长健壮；在10%～15%时，树体生长正常；降至7%～10%时生长势明显下降；在7%以下时根呈暗褐色，新根发生少，新梢生长衰弱。桃园积水1～3天即可造成落叶，尤其是在含氧量低的水中。

二、芽的特性

果树的芽是叶、枝或花的原

始体，是枝或花在形成过程中的临时性器官。

1. 芽的特性

（1）芽的异质性　同一枝条上不同部位的芽在发育过程中由于所处的环境条件不同以及枝条内部营养状况的差异，造成芽的生长势以及其他特性的差别称为芽的异质性。如枝条基部的芽发生在早春，此时正处于生长开始阶段叶面积小，气温又低，故芽的发育程度低，常形成瘪芽或隐芽。其后气温升高，叶面积增大，光合作用增强，芽的发育状况也改善，至枝条缓慢生长期后，叶片合成并积累大量养分，这时形成的芽极为充实饱满。桃芽有异质性。以长果枝为例，基部和顶部形成的芽多为单芽、瘪芽、叶芽，而中、上部多为复芽、饱满芽、花芽。

（2）芽的早熟性 在当年形成的新梢上，能连续形成二次梢和三次梢，这种特性称为芽的早熟性。桃树的芽属于早熟性芽，即当年形成，当年萌发，生长旺的枝条一年可萌发二次枝或三次枝，甚至可抽生四次枝。因此，一方面要合理利用芽的早熟，实现早成形、早结果；另一方面要通过夏剪对分枝次数及时间进行控制，以利通风透光，促使枝条发育充实和花芽分化良好。

（3）萌芽率及成枝力 生长枝上的芽能萌发枝叶的能力叫萌芽力。一枝上萌芽数多的称萌芽力强，反之则弱。萌芽力，一般以萌发的芽数占总芽数的百分率来表示。生长枝上的芽，不仅萌发而且能抽成长枝的能力，叫成枝力。抽生长枝多的则成枝力强，反之则弱。在调查时一般以具体成枝数或以长枝占芽数百分率表示成枝力。

桃树的萌芽率、成枝力均较强，易造成树体通风透光不良、树冠内膛的枝条细弱。因此，修剪时应注意树冠外围枝的密度。

2. 芽的分类

桃树的芽分为叶芽、花芽和潜伏芽三种，见图1-2。桃树条上每节仅一芽者，称为单芽。单芽有单叶芽和单花芽之分。每节有两个以上（含两个）的芽，则为复芽，有花芽的为复花芽。

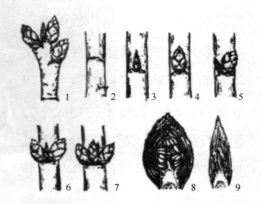

图1-2　桃树的芽

1—短果枝上的单芽；2—隐芽；3—单叶芽；
4—单花芽；5—复芽；6—复芽；7—复芽；
8—花芽解剖图；9—叶芽解剖图
（张玉星，《果树栽培学各论·北方本》，
中国农业出版社，2003）

（1）叶芽　叶芽外有鳞片，
呈三角形，着生在叶腋或顶端，
萌芽后抽生枝叶。

　　桃树萌芽率高、成枝力强，
且芽具有早熟性。叶芽大多数能
在翌年萌发成不同类型的枝条。
旺长新梢当年可萌发抽生副梢，

桃树合理整形修剪图解

生长旺盛的副梢上的侧生叶芽可抽生二次副梢，桃树树冠容易出现枝条过多而郁闭的现象，但也可以利用这一特点使幼树提早形成树冠，早结果、早丰产。枝条下部的叶芽在第二年往往不萌发而成为潜伏芽。

（2）花芽　花芽外有鳞片，芽体饱满，着生于叶腋下，一般每芽1朵花。花芽的质量主要受树体上年和当年储藏营养的影响，花芽直径越大，绒毛越多，花芽的质量就越好。复花芽多、着生节位低、花芽充实、排列紧凑是丰产性状之一。

（3）潜伏芽　潜伏芽潜伏在枝条内部。枝条外面肉眼见不到的芽称为潜伏芽（也叫隐芽）。潜伏芽在枝条重剪更新复壮时可以萌发。潜伏芽的寿命与品种有关，久保桃的潜伏芽寿命比"晚黄金"寿命长。

桃树的叶芽萌发率很高，一般只有枝条基部的少数几个叶芽不萌发而形成潜伏芽。桃潜伏芽少、寿命短、萌发力差，所以桃树树冠内膛容易光秃、老龄桃园更新困难。

三、枝的特性

桃树枝条按主要功能分为生长枝和结果枝两类。

1. 生长枝

1～3年生的幼树生长枝比例较大，进入结果期以后，生长枝比例迅速减少，管理正常的桃园，树冠成形后几乎全部为结果枝。

生长枝以营养生长为主，包括发育枝、单芽枝、徒长枝。

（1）发育枝　主要分布在骨干枝先端，生长旺盛，枝芽充实，粗1.5～2.5厘米，有大量副梢，主要功能是构成树冠的骨架，用于骨干枝或培养大型枝、中果枝、短果枝、花束状果枝。

（2）单芽枝　极短，为1厘米以下，只有一个顶生叶芽，萌发时只形成叶丛，不能结果，当营养、光照条件好转时，也可发生壮枝，用于更新。

（3）徒长枝　主要分布在骨干枝的中后部，直立向上生长。徒长枝生长势强旺，生长季若不加以控制，常形成树上"树"，造成树形紊乱，产量降低，果实品

质下降。徒长枝的发生主要是骨
干枝角度过大、修剪不当所致。

2. 结果枝

桃树的结果枝按其长度可分
为徒长性果枝、长果枝、中果
枝、短果枝和花束状果枝五类，
图1-3。

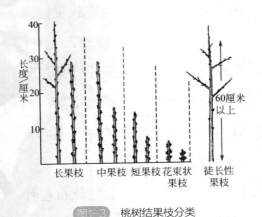

图1-3 桃树结果枝分类

（1）徒长性果枝 生长较
旺，长60～80厘米，粗度1.0～

1.5厘米。主要用于培养大、中型结果枝组，利用其结果。

（2）长果枝 长30～60厘米，甚至更长，粗0.5～1.0厘米，花芽充实，多复花芽，是多数品种的主要结果枝。

（3）中果枝 长15～30厘米，花芽多而饱满，坐果率高，果实品质好，是多数品种的主要结果枝类型。

（4）短果枝 长5～15厘米，发育良好的短果枝花芽饱满，坐果率高，是特大型果品种的主要结果枝类型。

（5）花束状果枝 长小于5厘米，多单芽，只有顶芽为叶芽，其余为花芽，老弱树多以该种枝结果，结果后发枝力差，易枯死。

四、叶的特性

桃树叶片是由托叶、叶柄和叶片三部分组成的完全叶，着生在叶芽抽生的枝上，形状为披针形。颜色多数有绿色，有的表现为深绿，有的为浅绿，有些早熟品种在生长后期变为红色或紫红色，黄肉品种常为黄绿色。

1. 叶的作用

叶片是进行光合作用制造有机养分的主要器官，呼吸二氧化碳，制造氧气，蒸腾降温，制造激素。叶片吸收率可达90%。常绿果树的叶有储藏功能。

2. 叶片年生长周期内形态、色泽的变化

大致分为四个时期：

第一期为4月下旬至5月下旬，叶片迅速增大，颜色由黄绿转为绿色；

第二期为5月下旬至7月下旬，叶片大小已形成，叶片的功能达到了高峰；

第三期为7月中旬至9月上旬，叶片呈深绿色，月终转为绿黄色，质地变脆；

第四期为9月上旬至下旬，枝条下部叶片渐次向上产生离层，10月底到11月初开始落叶。

3. 叶幕与叶面积系数

（1）叶幕　指树冠内叶片集中分布区的总叶片。合适的叶幕层和密度，使树冠内的叶量适中，分布均匀，充分利用光能，有利于优质高产；叶幕过厚，造成通风透光困难，影响品质，过薄则体积小，光能利用率低，产量低。

叶幕厚薄是衡量叶面积多少的一种方法，常用叶面积指数来表示。

（2）叶面积系数　树冠内叶面积与其所占土地面积之比，反映了单位面积上的叶密度，一般4～6最适宜。低了则产量低，高于7则品质下降，矮化密植很好地解决了这一问题。

生产实践中，要求各类枝有一定比例，是为了使整个生长期有光合效能较高的叶幕。

五、花芽分化

1. 概念

叶芽的生理和组织状态转化为花芽的生理和组织状态。

2. 花芽分化需要的条件

（1）温度 要求有适宜的温度范围，苹果20 ℃，葡萄20～30℃，落叶果树花芽分化后期，需一定的低温（7.2℃）才能完成分化。苹果需要1400小时、桃600～1200小时，葡萄1000～3000小时。

（2）光照 光是光合作用的能源，光照不足，光合速率低，树体营养水平差，花芽分化不良；光照强，光合速率高，同时光照强，可破坏新梢叶片合成的生长素，新梢生长受到抑制，有利于花芽分化。

（3）水分　花芽分化期适度的短期控水，可促进花芽分化（田间持水量的50%左右）。因为能抑制新梢生长，有利于光合产物的积累，提高细胞液的营养浓度，从而利于花芽分化。

（4）营养　包括有机营养和矿质营养两部分。充足的营养能保证花芽分化正常进行。如果营养不足，花芽分化少或分化不能彻底完成（花的各器官要齐全才可以），造成坐果率低，如杏、枣、李等。

3. 分化时期

桃树花芽分化要经历生理分化和形态分化两个时期。

（1）生理分化期　形态分化开始前5～10天为生理分化期，此期新梢生长速度明显放慢，芽中蛋白态氮占总氮量的比例显著升高。

（2）形态分化期　可分为开始分化、萼片分化、花瓣分化、雄蕊分化和雌蕊分化五个时期（图1-4）。

1　2　　　3　4　5　6

图1-4　桃花芽分化过程模式图

1—叶芽期；2—分化初期；3—萼片形成期；4—花瓣形成前；5—雄蕊形成期；6—雌蕊形成期

当花芽形成柱头和子房后进入相对休眠。在冬季低温休眠阶段，如休眠时间不足，则部分花芽可遭致败育，败育程度与经历高温时期有关。北方桃移居南方后，常不能正常成花。早春温度上升至0℃以上，至开花前开始形成性细胞。在性细胞形成期，对条件变化极为敏感，栽培上应注意采收后和早春的管理，以避免造成性器官退化或冻害发生。花芽内部各器官的形成需3个月左右。

花芽分化期因地区和品种而异。形态分化从6月下旬开始，多集中于7～8月份，要求平均气温20℃以上。一般情况下，下部节位花芽比上部节位花芽分化快，较高一级分化比例大些；封顶枝分化程度较高。

六、开花、结果

1. 开花

桃树当年抽生的枝即可形成花芽，一般除徒长枝外，桃的发育枝大多就是结果枝，于第2年结果。

春季日平均温度达10℃左右时开始开花（见图1-5），最适温度为12～14℃。同一品种的开花期为7天左右，花期长短因气候条件而异。气温低、湿度大则花期长；气温高、空气干燥则花期缩短。桃树开花早晚因品种、气候、土壤、树龄树势、枝条类型而异。南方冬季短而较温暖，开花早晚主要受品种需冷量大小的影响，需冷量大的品种开

图1-5 桃树开花状

花晚，需冷量小的开花早，有的地方不同品种之间开花期相差30天以上；北方地区冬季低温时间长，所有品种都能顺利通过自然休眠，开花早晚主要受品种本身需热量的影响，需热量低的品种开花早，需热量高的品种

开花晚，不同品种间开花期相差
1～7天。

大部分桃品种为自花结实，
但也有不少品种花粉不育，自花
结实能力差，或者没有自花结实
能力，如上海水蜜、白花、沙子
早生等。在种植花粉不育和花粉
量小的品种时应注意配置授粉品
种，以提高产量。

花期结束后，没有受精的花
便开始脱落，受精不良的和营养
不足的果实，多数在核硬化前脱
落，正常的落花、落果有三次。

2. 果实的发育

受精的果实生长从花期结束
开始，直至果实成熟。果实发育
初期，子房壁细胞迅速分裂，果
实迅速膨大，花后2～3周时，

细胞分裂速度逐渐缓慢，果实增长也变缓，花后30天左右，细胞分裂近于停止。以后果实增长，主要靠细胞体积增长、细胞间隙扩大和维管束系统的发达。

果实生长期的长短因品种而异，特早熟品种为65天左右，特晚熟品种为250天左右。

桃果实的生长发育经历幼果膨大期（第一次速长期）、硬核期（缓慢生长期）和果实迅速生长与成熟期（第二次速长期）三个时期。

桃果实发育的三个时期如下。

（1）幼果膨大期　从子房膨大至核硬化前，果实的体积和重量均迅速增加，果实也迅速增长，不同成熟期品种的增长速度大致相似。从花后至本阶段结束约为30天。

（2）硬核期　果实增长缓慢，胚生长迅速，果核逐渐硬化，一般早熟品种为2～3周，中熟品种为4～5周，晚熟品种为6～7周。早熟品种第二期短，果实成熟时胚还未充分成熟，干物质积累少，播种后不能发芽，需要人工培养才能萌发生长，故早熟品种种子不能直接用于播种繁殖。

（3）果实迅速生长与成熟期　果实增长速度加快，果肉厚度明显增加，直至采收。果实在采收前20天增长速度最快。

果实成熟过程中，淀粉转化为糖，黏结细胞的中糖层转为可溶性状态，果实软化，叶绿素水解，并与其他物质进行合成黄色素、红色素、各种纤维素和脂类物质。细胞中分解出乙烯等促进果实成熟。白桃的果皮由青绿色转为乳白色或黄白色，汁液增加，达到品种固有的大小、色泽、风味，并散发出芳香。黄桃也一样，只是果皮转为黄色。

油桃的果实生长与普通桃完全不同。油桃果实没有明显的缓慢生长期和迅速生长期，在整个果实发育过程中，一直处于不断生长状态。

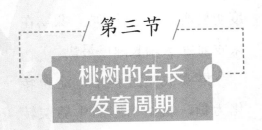

第三节

桃树的生长发育周期

桃树的生育期包括生命周期

和年生长周期两部分。

一、生命周期

桃树从种子发芽、生长、结果至衰老死亡的生命过程，称生命周期。桃树寿命较短，在北方一般20～50年以后树体开始衰老。在多雨和地下水位较高地区或瘠薄的山地，一般12～15年树势即明显衰弱，光照充足、管理水平较高的桃园25～30年还可维持较高产量。

目前桃树主要采用嫁接繁殖苗木，它的一生按生长与结果的转变，可分为幼树期、结果初期、盛果期、结果后期与衰老期5个年龄时期。

1. 幼树期

从定植到第1次开花结果，为营养生长阶段。一般为2～3年。在保护地栽培中，一般采取缩短幼树期，第1年种植，第2年结果。

（1）特点　树冠和根系快速离心生长，向外扩展吸收面积和光合面积，逐渐积累、同化营养物质，为首次开花结果创造条件。

（2）栽培技术措施　为根系的发育创造良好的土壤条件，如借助给充足的肥水及深翻改土等；最大限度地增加枝叶量，扩大光合面积，积累营养，如轻剪并辅以人工促花措施。在培养树冠的前提下，缩短幼树期，提早

桃树合理整形修剪图解

结果。

2. 结果初期

从第1次开花结果到有一定的经济产量为生长和结果阶段。一般为 3 ～ 5 年。

（1）特点　树冠、根系的离心生长最快，迅速向外扩展，接近或达到预定的营养面积。树体基本定型，结果枝逐年增加，产量逐步上升。

（2）栽培技术措施　加强土肥水管理，使树冠、根系迅速扩展，以尽早达到最大的营养面积；开始培养结果枝组，调整生长与结果的比例，使产量稳步上升，为盛果期奠定基础。

3. 盛果期

从有一定的经济产量到较

高产量，并保持产量相对稳定的时期，为结果和生长阶段。一般7～20年。在我国北方桃区，盛果期的年限较长，而在我国南方则较短。

（1）特点　结果多，生长缓慢，树冠、根系达到最大范围后末端逐渐衰弱，如延长枝由发育枝逐渐转为结果枝，开始出现由外向内生长。此期的果实品质表现较好，特别是在7～10年的品质最佳，也把这一时期为品质年龄期。

（2）栽培技术措施　供给充足的肥水，并注意营养元素之间的平衡、稳定、保持优质高产。采取综合防治措施，加强枝干病虫害的防治。

4. 结果后期

随着树龄增加，营养生长和生殖生长都减弱，产量逐年下降，一直降到几乎无经济栽培意义为止。

（1）特点　长势弱，延长枝生长量渐小，坐果量小。树冠末端及内膛、骨干枝背后小枝已大量死亡、光秃。向心更新强烈，内膛开始出现徒长枝。

（2）栽培技术措施　加强土壤管理，增施肥水，适时更新复壮，合理留果，保持树势，加强病虫害防治。

二、年生长周期

桃树在每年有一个从萌芽、开花、结果到落叶休眠的年周期。周期中有休眠期和生长期两个阶段。

1. 休眠期

桃树的休眠期从落叶到萌芽止，约5个月（当年10月下旬或11月上旬到翌年3月下旬或4月上中旬）。植株从生长转入休眠要经过一系列生理变化。如果生理变化未完成，即使有适宜条件，也难以转入生长。这种休眠为自然休眠。桃树在解除休眠后，如果仍不具备发芽条件而继续休眠，称被迫休眠。

入秋后不久，叶芽进入自然休眠状态，至落叶前40天左右花芽很快进入自然休眠。进入自然休眠状态的芽，须在适宜低温下经过一定时期才解除休眠。只有解除自然休眠的芽，才能在适宜温度下正常发育、萌发、抽枝长叶，开花结果。

桃树进入自然休眠后，需要经历一定低温才能通过休眠，即解除休眠，否则发芽迟而发育不良，花芽不开放或脱落。桃树解除自然休眠所需的冷温量称需冷量。我国南部的广东、广西、云南及福建的大部分地区因冬季低温不足，多数桃品种不能正常解除自然休眠，春季萌芽开花不整齐，树体不能正常生长和开花结果。冬季低温不足是限制这些地区进行桃树生产的最根本因素。在北方地区进行桃树设施促早栽培时，须在桃芽解除自然休眠后才能揭苦升温。升温过早，会适得其反，甚至绝产。北方地区进行设施促早栽培时应尽量选择低需冷量品种，而进行延迟栽培时则应尽量选择需冷量高、成熟极晚的品种。

2. 生长期

桃树从萌芽至落叶的生长期，包含营养生长（枝叶与根系生长）、生殖生长（开花坐果、果实生长与花芽分化）和营养积累。

（1）营养生长　根系与枝叶生长有时同步进行，有时交替生长，反映营养分配中心的转移。

① 春季根系最早开始活动，给萌芽提供必要的水分、营养和促进细胞分裂和生长的激素。新梢开始迅速伸长生长，二者基本同步。此期生长所需的营养，主要是上年树体储藏的营养。

② 新梢经过短暂缓慢生长进入迅速生长期，出现 1 ～ 2 次生长高峰。此期营养，主要来自当年同化的营养。根系伸长与新梢生长交替进行，大量新梢迅速生长，嫩茎幼叶合成的生长素自上而下运输到根部，地上地下同步生长。

③ 新梢在 8 月下旬停止伸长生长，迅速增粗生长，9 ～ 10 月份根系再次生长。此期叶片光合强度虽降低，但由于没有新生器官消耗，可大量积累营养。正常落叶前，叶片营养回流，储藏于芽、枝、干和根系中，秋季保叶对养根、壮芽和充实枝条有重要作用。

（2）生殖生长 属完全消耗性生长发育，开花、坐果所需的营养完全来自树体储藏营养。由于营养消耗极大，使根系生长暂时缓慢。果实的生长与新梢的生长同步进行，争夺营养。

新梢停止生长后，桃树进入花芽分化期。晚熟品种的花芽分化与果实第2次迅速生长相重叠，是当年产量与翌年产量矛盾的时期，应留预备枝，同时加强肥水供应。9月份以后多数品种已采收，树体进入营养积累期，此时保叶可壮芽、壮枝，还可为翌年结果奠定基础。

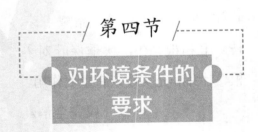

第四节

对环境条件的要求

桃原产我国海拔较高、生长

季日照长、光照强的西北地区，长期生长在土层深厚、地下水位低的轻质土壤中，适应空气干燥、冬季寒冷的大陆性气候，形成了桃树喜光、耐旱、耐寒的特性。

一、温度

桃树喜温耐寒，经济栽培多分布在北纬25°～45°之间。南方品种群适栽地区年平均温度为12～17℃，北方品种群为8～14℃，南方品种群更耐夏季高温。桃的生长最适温度为18～23℃，果实成熟期的适温为25℃左右。

桃在不同时期的耐寒力不一致，休眠期花芽在−18℃的情况下才受冻害，花蕾期只能忍受-6℃的低温，开花期温度低于0℃时即受冻害。桃在生长期中月平均温度达到24～25℃时产量高、品质佳，如温度过高，则品质下降。中国南方炎热多雨地区出现枝条终年生长，几乎无休眠期，养分消耗多，枝条不易成熟，开花多，结果少。

二、光照

桃属喜光性很强的植物，主干早期消失，树冠开张，叶片狭长，内膛枝易枯死，在栽培中，管理不当，树冠上部枝叶过密，极易造成下部枝条枯死，造成光秃现象，结果部位迅速外移，光照不足还会造成根系发育差、花芽分化少、落花、落果多、果实品质会变劣。

桃虽喜光，但直射光过强，常引起枝干日灼，影响树势，树干过于开张，主枝内部光秃的树易受害。

在栽培上须注意控制好桃树群体结构和树体结构，合理调控枝叶密度，采用开心树形，生长季多次修剪，使桃园通风透光良好。

北方利用设施栽培生产反季节桃时，光照强度明显不足，须尽量减少自然光在进入设施过程中的损失。

三、水分

桃耐干旱，最不耐水涝，适宜于排水良好的壤土或沙壤土上生长。

雨量过多，易使枝叶徒长，

x

花芽分化质量差，数量少，果实着色不良，风味淡，品质下降，不耐储藏。

桃虽喜干燥，但在春季生长期中，特别是在硬核初期及新梢迅速生长期遇干旱缺水，会影响枝梢与果实的生长发育，导致严重落果。

四、土壤

桃树对土壤的要求不严，以排水良好、通透性强的沙质壤土最适宜。山坡沙质土和砾质土栽培，生长结果易控制，进入结果期早，品质好。

土壤的酸碱度以微酸性至中性为宜，即一般 pH5 ～ 6 生长最好，当 pH 值低于 4 或超过 8 时，生长不良，在偏碱性土壤中，易发生黄叶病。

桃树对土壤的含盐量很敏感，土壤中的含盐量在0.4%以上时即会受害，含盐量达0.28%时则会造成死亡。桃对土壤的酸碱度要求以微酸性最好，土壤pH值在5～6最佳；pH值在4～5、6～7时也能正常生长。当土壤pH值低于4或高于8时，则严重影响正常生长，在偏碱性土壤中，易发生黄化病。

第二章

果树整形修剪的时期及方法

第一节

整形修剪的依据

一、整形修剪的依据

要搞好果树的整形修剪必须考虑以下几个因素。

1. 不同品种的特性

品种不同，其生物学特性也不同，如在萌芽率、成枝力、分枝角度、枝条硬度、花芽形成难易、结果枝类型、中心干强弱，以及对修剪敏感程度等方面都有差异。因此，根据不同品种的生物学特性，切实采取针对性的整形修剪方法，才能做到因品种科学修剪，发挥其生长结果特点。

2. 树龄和树势

树龄和树势虽为两个因素，树龄和生长势有着密切关系，幼树至结果前期，一般树势旺盛，或枝力强，萌芽率低，而盛果期树生长势中庸或偏弱，萌芽率提高。前者在修剪上应做到：小树助大，实行轻剪长放多留枝，多留花芽多结果，并迅速扩大树冠。后者要求大树防老，具体做法是适当重剪，适量结果，稳产优质。但也有特殊情况，成龄大树也有生长势较旺的。当然对于旺树，不管树龄大小，修剪量都要小一些，不过对于大树可采取其他抑制生长措施，如环剥或叶面喷施生长抑制剂等。

3. 修剪反应

修剪反应是制定合理修剪方案的依据，也是检验修剪好坏的重要指标。因为同一种修剪方法，由于枝条生长势有旺有弱，状态有平有直，其反应也截然不同。怎么看修剪反应，要从两个方面考虑：一个是要看局部表现，即剪口、锯口下枝条的生长、成花和结果情况；另一个是看全树的总体表现，是否达到了你所要求的状况，调查过去哪些枝条剪错了，哪些修剪反应较好。因此，果树的生长结果表现就是对修剪反应客观而明确的回答。只有充分了解修剪反应之后，我们再进行修剪就会做到心中有数，做到正确修剪。

4. 自然条件和栽培管理水平

树体在不同的自然条件和管理条件下，果树的生长发育差异很大，因此修剪时应根据具体情况，如年均温度、降雨量、技术条件、肥水条件，分别采用适当的树形和修剪方法。如贫瘠、干旱地区的果园，树势弱、树体小、结果早，应采用小冠树形，定干低一些，骨干枝不宜过多、过长。修剪应偏重些，多截少疏、注意复壮树势，保留结果部位。在肥、水条件好的果园，加之高温、多湿、生长期长，土层深厚，管理水平低的果园，果树发枝多，长势旺，应采用大、中树形，树干也应高一些。并且主枝宜少，层间应大，修剪量要轻，同时加强夏季修剪，促花结果，以果压冠和解决光照。

5. 桃树的栽植方式与整形修剪也有关

密植园和稀植园相比，树体要矮，树冠宜小，主枝应多而小。要注意以果压冠。稀植大冠树的修剪要求则正好相反。

二、桃树修剪方案制订

1. 品种特性

桃树品种不同，其萌芽力、发枝力、分枝角度、成花难易、坐果率高低等生长结果习性也各不相同，要依据不同品种类型特点进行整形修剪。对于树姿开张、长势弱的品种，整形修剪应注意抬高主枝的角度；树姿直立、长势强的品种，则应注意开张角度，缓和树势。

2. 树龄和生长势

桃树不同的年龄期，生长和结果的表现不同，对整形修剪的要求也不同。幼树期和初结果期树体生长旺盛，以缓和生长势，修剪量宜轻，可以长放。盛果期修剪的主要任务是保持树势健壮生长，以延长盛果期的年限。盛果期后期生长势变弱，应缩小主枝开张角度，并多进行短截和回缩，以增强枝条的生长势。

3. 修剪反应

不同的桃树品种，其主要结果枝类型和长度不同，枝条剪截后的修剪反应也不相同。以长果枝结果为主的品种，其枝条生长势强，采用短截后，仍能萌发具有结果能力的枝条。以中短果枝结果为主的品种，则需轻剪长放，以培养中短果枝，才能多结果。

4. 栽培方式

露地栽培的中密度和较稀植的桃树，生长空间较大，应采用三主枝开心形，使树冠向四周方向伸展。对于密植栽培或设施栽培的桃树，由于空间有限，宜采用两主枝开心形、主干形（纺锤形）为宜。

5. 肥水条件

对于土壤肥沃、水分充足的桃园，宜以轻剪为主，反之应进行适度重剪。

三、修剪步骤

①　根据栽植密度确定采用的树形。

②　根据修剪树年龄阶段确定修剪方法。

③　了解每一株树的树势、品种、砧木、花量。

根据树势确定修剪方法，根据品种、砧木、花量、树势是否平衡确定每一株树总的修剪量和局部的修剪量。

④　开始修剪。确定中央领导干和各主枝的枝头，对枝头进行长放或短截或回缩等处理；再对直立枝、中央领导干和主枝枝头的竞争枝进行控制，处理过密枝条；用剪、留量调节树

势平衡；最后进行结果枝组的培养。

第二节

修剪的时期

桃树一年四季都可进行修剪，但根据年周期的气候特点，果树修剪时期一般分为冬季（休眠期）修剪和夏季（生长期）修剪。

一、冬季修剪

1. 时期

是指在桃树落叶以后到萌芽以前，越冬休眠期进行的修剪，因此也叫休眠期修剪。优点是在这一时期，光合产物已经向下运输，进入大枝、主干及根系中储藏起来，修剪时养分损失少。严寒地区，可在严寒后进行，对于幼旺树，也可在萌芽期修剪，以削弱其生长势。实验表明，幼树在萌芽期修剪提高萌芽率10%～15%。

2. 冬季修剪的主要任务

因年龄时期而定，各有侧重点。

（1）幼树期间，主要是完成整形，骨架牢固，快扩大树冠。

（2）初结果树，主要是培养稳定的结果枝组。

（3）盛果期树修剪主要是维持和复壮树势，更新结果枝组，调整花、叶芽比例。

二、夏季修剪

又称为生长期修剪，是指树体从萌芽后到落叶前进行的修剪。主要是解决一些冬季修剪不易解决的问题，如对旺长树、徒长枝的处理，采取早春抹芽、夏季摘心、拉枝等措施。

第三节

修剪方法

一、冬季修剪方法

1. 短截

短截就是把一年生枝条剪去一部分，剪口要求距芽上方

0.5～1.0厘米，见图2-1。短截对全枝或全树来讲是削弱作用，但对剪口下芽抽生枝条起促进作用，可以扩大树冠，复壮树势，枝条短截后可以促进侧芽的萌发，分枝增多，新梢停长晚，碳水化合物积累少，含氮、水分过多，全树短截过多、过重，会造成膛内枝条密集，光照变差。以短果枝结果为主的树种或以顶花芽结果为主的树种，不易形成花

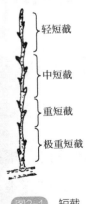

轻短截

中短截

重短截

极重短截

图2-1　短截

芽而延迟结果，旺树短截过多，常引起枝条徒长，影响成花、坐果。短截根据短截程度分为轻短截、中短截、重短截、极重短截，见图2-2～图2-5。短截程度不同，反应也不同。一般短截越重，剪口下新梢生长越旺，短截轻则发枝多。总之，短截的反应是好芽发好枝。短截可以集中

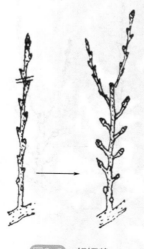

图2-2 轻短截

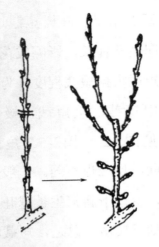

图2-3　中短截

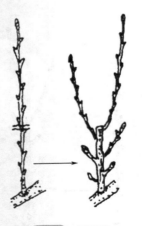

图2-4　重短截

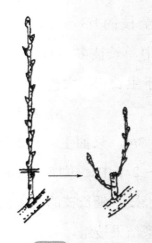

图2-5 极重短截

养分抽生新梢和坐果，增加分枝
数目，以保证树势健壮和正常结
果。短截常用于骨干枝延长枝修
剪、培养结果枝组和结果枝修
剪等。

（1）轻截　只剪去枝条全场
长的1/5 ～ 1/4，剪后反应是剪
口下形成一些较弱的中短枝，缓
和树势，有利于成花、结果。

（2）中截　在饱满芽处截，

剪除全枝的 1/3 ～ 1/2，剪口下发生中、长枝多，且生长势强，有利于生长和扩大树冠。

（3）重截　剪去枝条的 2/3 ～ 3/4，只抽生 1 ～ 2 个强枝和 1 ～ 2 个中、短枝，目的是控制骨干枝、延长枝的竞争枝或培养大型结果枝组。

（4）极重短截　只留一年生枝基部几个瘪芽进行剪截，促发弱枝、早成花，同时复壮 2 年生枝。

影响短截效果的因素：一是剪口芽的饱满度；二是剪留长度。从饱满芽处剪截，由于饱满芽分化质量高，剪后长势强，可以促发抽生较强壮的新梢。剪口留瘪芽，长势弱，一般只抽生中短枝。短截越重，对侧芽萌发和生长势的刺激越强，但不利于形成高质量结果枝。短截越轻，侧芽萌发越多，生长势弱，枝条中、下部易萌发短枝，较易形成花芽。适宜的剪留长度与结果枝粗度有关，枝条较粗者宜进行轻短剪，应剪留长一些，反之则短些。但对短果枝、花束状果枝不宜进行短截。单花芽多的品种少短截。

短截的轻重应视树龄、树势和修剪目的确定。幼龄树，树势较旺，以培养良好而牢固的树形结构和提早结果为主要目的。延长枝要进行短截，其他结果枝一般以轻短截为主。从始果期到盛果期，主要是让桃树多结果，并形成良好的树体结构。当有大量结果枝时，应适度短截和疏枝相结合。进入衰老期的树，树势逐渐衰弱，产量逐年下降，修剪时要从恢复树势着手，适当增加短截程度，剪口处留壮芽，以促进其萌发新梢，使树势复壮和继续形成结果枝。

2. 疏枝

将过密枝条或大枝从基部去掉的方法叫疏间，也叫疏枝。疏间一方面去掉了枝条，减少了制造养分的叶片，对全树和被疏间的大枝起削弱作用，减少树体的总生长量，且疏枝伤口越多，削弱伤口上部枝条生长的作用越大，对总体的生长削弱也越大；另一方面，由于疏枝使树体内的储藏营养集中使用，故也有加强现存枝条生长势的作用。

在扩冠期常用的疏间法主要有：疏间直立枝留平斜枝、疏间强枝留弱枝、疏间弱枝留强枝、疏间轮生枝、疏间密挤枝等方法，以利于扩大树冠、平衡树势和提早结果，见图2-6～图2-9。

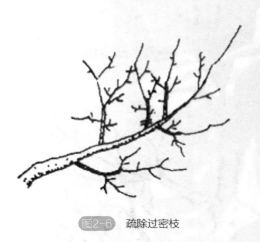

图2-6　疏除过密枝

（1）疏枝作用

①　维持原来的树体结构；

②　改善树冠内膛的光照条

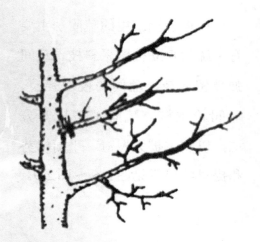

图2-8　疏除交叉枝

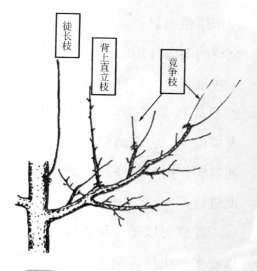

徒长枝

背上直立枝

竞争枝

图2-9　疏除徒长枝，背上直立枝，竞争枝

件，提高叶片光合效能，增加养
分积累，有助于花芽形成和开花
结果。

（2）疏枝效果和原则　对全
树起削弱作用，从局部来讲，可
削弱剪口、锯口以上附近枝条的
势力，增强伤口以下枝条的势
力。剪口、锯口越大、越多，这

种作用越明显；从整体看疏枝对全树的削弱作用的大小，要根据疏枝量和疏枝粗度而定。去强留弱或疏枝量越多，削弱作用越大；反之，去弱留强，去下留上则削弱作用小，要逐年进行，分批进行。

疏枝可以是一年生枝，也可以是多年生枝。疏枝对象包括树冠上的干枯枝、不宜利用的徒长枝、竞争枝、病虫枝、过密的轮生枝、交叉枝和重叠枝等。

（3）影响疏枝效果的因素疏枝对树体的影响与拟疏除的枝条数量、性质、粗度和生长势强弱有关。疏除强枝、粗枝或多年生大枝，常会削弱剪口以上枝的生长势，而对剪口以下的枝有促进生长的作用。疏除发育枝可减少枝叶量，同时减少光合产物和根系的生长量。而疏除花芽较多的结果枝，可增加枝叶量和光合产物，促进根系生长。多疏枝有削弱树势、控制生长的作用，对生长过旺的骨干枝可多疏壮枝，对弱骨干枝可多疏除花芽，促其向营养生长转化，以达到平衡生长与结果的目的。

树龄和树势不同，疏枝的程度亦不同。幼树宜轻疏，以利形成花芽，提早结果，也可通过拉枝或长放代替疏枝。进入结果期以后，疏除枝头上竞争枝、内膛里的密生枝，并适度疏除结果枝。进入衰老期，短果枝增多，应多疏除结果枝，促进营养生长，维持树势平衡。

（4）正确疏枝方法　疏小枝

时要顺着树枝分叉的方向或侧方下剪刀，剪口成缓斜面为宜，这样既省力又平滑，伤口易于愈合。疏中枝时，一手拿修枝剪，另一手把住枝条向剪口外方柔力轻推，这样不用很费力，就可使枝条迎刃而断。疏大枝时要求锯口平滑，残枝不能留太高。先在大枝基部由下向上锯1/3 ～ 1/2，然后再由上向下锯，上下锯口要对齐。见图2-10 ～图2-12。

图2-10　正确疏除

3. 回缩

对二年生以上的枝在分枝处

图2-11 错误疏除（锯口过大）

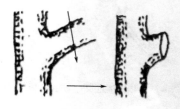

图2-12 错误疏除（留桩过多）

将上部剪掉的方法叫回缩（即对多年生枝的短截）。回缩对象包括主枝、侧枝、辅养枝和结果枝组（见图2-13、图2-14）。

回缩目的：①调整树体生长势；②改善树冠光照，更新树冠，降低结果部位，调节延长枝的开张角度；③控制树冠或枝

图2-13 结果枝组回缩，防止结果部位外移

图2-14 大型结果枝组回缩，培养成

中小结果枝组

桃树合理整形修剪图解

100

组的发展，充实内膛，延长结果年限。

回缩一般能减少母枝总生长量，促进后部枝条生长和潜伏芽的萌发。回缩越重，对母枝生长抑制作用越大，对后部枝条生长和潜伏芽萌发的促进作用越明显。在生长季节进行回缩，对生长和潜伏芽萌发的促进作用减小。回缩用于控制辅养枝、培养枝组、平衡树势、控制树高和树冠大小、降低株间交叉程度、骨干枝换头、弱树复壮等。另外，对串花枝回缩可以提高坐果率。

回缩后的反应强弱决定于剪口枝的强弱。剪口枝如留强旺枝，则剪后生长势强，有利于更新和恢复树势。剪口枝如留弱枝，则生长势弱，多抽生中短枝，利于成花结果。剪口枝长势中等，剪后也会保持中庸，多促发长中果枝，既能生长，又能结果。

当主枝、侧枝、辅养枝或结果枝组延伸过长，影响其他枝生长时，进行回缩。当主枝、侧枝、辅养枝或结果枝组角度太低并开始变弱时，进行回缩，可以回缩到直立枝上，抬高角度，以增强其生长势。对于过高的结果枝组要进行及时回缩，以抑制其生长势。

4. 长放

对一年生长枝不剪（不实施短截、疏枝等），任其生长（自然发枝、延伸）叫长放或称为甩放、缓放。

在疏枝和回缩修剪完成后，树体留下的各种一年生结果枝和营养枝，均可视为长放修剪，但一般长放指的是对一年生长果枝和营养枝。直立生长的粗壮长果枝一般不长放。

长果枝长放可以缓和生长势，在结果的同时，还可形成适宜的结果枝或只为形成适宜的结果枝，以备第二年结果。长放可以提高坐果率和提高品质。长放必须和疏果相结合。

对幼旺树适宜枝条进行长放，可以缓和树势。以长果枝结果的品种，应选留适宜数量的长果枝进行长放。对无花粉品种的长果枝进行长放，培养出适宜结果的中短果枝。

5. 4种修剪方法的综合运用

冬季修剪是短截、回缩、疏间和长放4种方法的综合运用。通过修剪使树体达到中庸状态是冬季修剪的主要目的。一般对于幼树和偏旺的树，多采用疏枝和长放，而对于较弱或衰老树多采用短截与回缩的方法。

二、夏季修剪的方法

1. 抹芽

一般是在萌发至生长到5厘米之前进行，抹掉树冠内膛的徒长芽和剪口下的竞争芽。这有利于节省养分、改善光照和保证留下来的新梢健壮生长，还可减少冬季修剪工作量和因冬剪疏枝造成的伤口。

2. 摘心

即摘掉新梢顶端的生长点。

（1）作用机理　摘心去掉了顶端生长点和幼叶，使新梢内的赤霉素（GA）、生长素含量急剧下降，失去了调动营养的中心作用，失去了顶端优势，使同化产物、矿质元素、水分的侧芽的运输量增加，促进了侧芽的萌发和发育，同时摘心后，由于营养有所积累，因此，摘心后剩余部分叶片变大、变厚、光合能力提高，芽体饱满，枝条成熟快。

（2）摘心的效果及应用

① 提高坐果率，促进果实生长和花芽分化，但必须在器官生长的临界期进行的摘心才

有效。

② 促进枝条组织成熟，基部芽体饱满，摘心时期可在新梢缓和生长期进行，在新梢停长前15天效果更明显，可以防止果树由于旺长造成的抽条，使果树安全越冬。

③ 促使二次梢的萌发，增加分枝级次，有利于加速整形，但只适用于树势旺盛的树，进行早摘心、重摘心，能达到目的。

④ 调节枝条生长势，对竞争枝进行早摘心，可以促进延长枝的生长，对要控制其生长的枝条，可采用早摘心。

3. 拉枝

拉枝是用绳索把枝条拉向所需要的方向或角度，能起到增大分枝角度，控制枝条旺长及促进出枝的作用。

拉枝一般于6～7月份进行。主枝拉成80°～90°，辅养枝拉成水平。拉枝有利于降低枝条的顶端优势，提高枝条中下部的萌芽率，增加枝量及中短枝的比例，解决内膛光照及缓和树势、促进花芽形成等作用。

4. 桃夏季修剪技术应用

（1）第一次夏季修剪　主要是抹芽，在叶簇期进行，抹芽可抹双芽，留单芽，抹除剪锯口附近或近幼树主干上发出的无用枝芽。

（2）第二次夏季修剪　在新梢迅速生长期进行，此次非常重要。修剪内容如下。

① 调整主、侧枝的生长势，控制过旺生长　根据需要进行摘心，促发二次和三次枝，形成较中庸的中短果枝。

② 主、侧枝延长枝的修剪　对生长旺的主、侧枝，可以剪主梢留副梢，开张角度，缓和生长。

③ 背上竞争枝和旺枝的修剪　旺枝主要是树冠内潜伏芽萌发的新梢和剪口芽长出的新梢。如有空间，对竞争枝或徒长性果枝可留1～2个副梢，培养成为结果枝组。如无副梢者，在30厘米短截，促发新梢。潜伏芽萌生的新梢，从基部疏除。

（3）第三次夏季修剪　在6月下旬至7月上旬进行。主要是

桃树合理整形修剪图解

控制旺枝生长。对骨干枝仍按整形修剪的原则适当修剪。由于已进入生长中后期，修剪不宜过重。可以对直立品种进行开张角度。对竞争枝、徒长枝等旺枝，如所在部位枝条密集，可疏除，如有空间，可留1～2个副梢。对树姿直立的品种或角度较小的主枝进行拉枝。

（4）第四次夏季修剪　在7月底至8月上中旬进行。原来没有控制住的旺枝从基部疏除。新长出的二、三次梢过密者从基部疏除。未停止生长的长枝，剪去不成熟的部分。角度小的骨干枝拉枝。

整形修剪技术创新点

一、要注意调节每一株树内各个部位的生长势之间的平衡关系

每一株树，都由许多大枝和小枝、粗枝和细枝、壮枝和弱枝组成，而且有一定的高度，因此，我们在进行修剪时，要特别注意调节树体枝、条之间生长势的平衡关系，避免形成偏冠、结构失调、树形改变、结果部位外移、内膛秃裸等现象。要从以下三个方面入手。

1. 上下平衡

在同一株树上，上下都有枝条，但由于上部的枝条光照充足、通风透光条件好，枝龄小，加之顶端优势的影响，生长势会越来越强；而下部的枝条，光照不足，开张角度大，枝龄大，生长势会越来越弱，如果修剪时不注意调节这些问题，久而久之，会造成上强下弱树势，结果部位上移，出现上大下小现象，给果树管理造成很大困难，果实品质和产量下降，严重时会影响果树的寿命。整形修剪时，一定要采取控上促下，抑制上部、扶持下部，上小下大，上稀下密的修剪方法和原则，达到树势上下平衡、上下结果、通风透光、延长树体寿命、提高产量和品质的目的。

2. 里外平衡

生长在同一个大枝上的枝条，有里外之分。内部枝条见光不足，结果早，枝条年龄大，生长势逐渐衰弱；外部枝条见光好，有顶端优势，枝龄小，没有结果，生长势越来越强，如果不加以控制，任其发展，会造成内膛结果枝干枯死亡，结果部位外移，外部枝条过多、过密，造成果园郁闭。修剪时，要注意外部枝条去强留弱、去大留小、多疏枝，少长放；内部枝去弱留强、少疏多留，及时更新复壮结果枝组，达到外稀里密、里外结果、通风透光、树冠紧凑的目的。

3. 相邻平衡

中央领导干上分布的主枝较多，开张角度有大有小，生长势有强有弱，粗度差异大。如果任其生长，结果会造成大吃小、强欺弱、高压低、粗挤细的现象，影响树体均衡生长，造成树干偏移、偏冠、倒伏、郁闭等不良现象，给管理带来很大的麻烦。修剪时，要注意及时解决这一问题，通过控制每个主枝上枝条的数量和主枝的角度两个方面，来达到相邻主枝之间的平衡，使其尽量一致或接近，达到一种动态的平衡。具体做法是粗枝多疏枝、细枝多留枝；直立壮枝要开张角度，多留果，弱枝要抬角度，少留果。坚持常年调整，保持相邻主枝平衡，树冠整齐一致，每个单株占地面积相同，大小、高矮一致，便于管理，为丰产、稳产、优质打下牢固的骨架基础。

二、修剪不是万能的

果树的科学修剪只是达到果树管理丰产、优质和高效益的一个方面，但不要片面夸大修剪的作用，把修剪想得很神秘，搞得很复杂。有些人片面地认为，修剪搞好了，所有问题就都解决了，修剪不好，其他管理都没有用，这是完全错误的想法。只有把科学的土、肥、水管理，合理的花果管理，综合的病虫害防治等方面的工作和合理的修剪技术有机结合起来，才能真正把果树管理好。

三、果树修剪一年四季都可以进行，不能只进行冬季修剪

果树修剪是指果树地上部一切技术措施的统称，包括冬季修剪的短截、疏枝、回缩、长放；也包括春季的花前复剪、夏季的扭梢、摘心、环剥；秋季的拉枝、捋枝等技术措施。有些地方的果农朋友只搞冬季修剪，而生长季节让果树随便长，到了第二年冬季又把新长的枝条大部分剪下来。这种错误的做法一方面影响了产量和品质（把大量光合产物白白浪费了，没有变成花芽和果实）；另外浪费了大量的人力和财力（买肥、施肥）。这种

只进行冬季修剪的做法已经落伍了，当前最先进的果树修剪技术是加强生长季节的修剪工作，冬季修剪作为补充。如果谁的果树做到冬季不用修剪，谁的技术水平就会更高。笔者把果树不同时期的修剪要点总结成4句话，即：冬季调结构（去大枝），春季调花量（花前复剪），夏季调光照（去徒长枝、扭梢、摘心），秋季调角度（拉枝、拿枝）。

第三章

桃树常用树形及其整形技术

丰产树形及树体结构

一、对丰产树形的要求

① 树冠紧凑，能在有效的空间，有效增加枝量和叶片面积系数，充分利用光能和地力，发挥果树的生产潜能。

② 能使整个生命周期中经济效益增加，达到早果、丰产、优质高效、寿命长的目的。

③ 树形要适应当地的自然条件，适应市场对果品质量的要求。

④ 便于果园管理，提高劳

动生产率。

二、树体结构因素分析

构成树体骨架的因素有树体大小、冠形、干高、骨干枝的延伸方向和数量、结果枝组的选留。

1. 树体大小

（1）树体大的优缺点　**树体大可充分利用空间，立体结果，经济寿命长，但成形慢，成形后，枝叶相互遮阴严重，无效空间加大，产量和品质下降，操作费工。**

（2）树体小的优缺点　**树体小可以密植，提高早期土地利用率，成形快，冠内光照好，果实品质好，但经济寿命短。**

树体生长接近设定树体的大小的时候，为了防止树体郁闭，结果部位外移，内膛秃裸，修剪上对于主枝延长枝的修剪应遵循去大留小、去强留弱的原则。

2. 冠形

桃树生产上常用树形有三主枝开心形、二主枝开心形几种。

3. 干高

主干高低直接影响果园的空间利用、通透状况、产量高低、品质优劣以及果园作业效率。主干过低既不利于果园管理作业，又降低了果园的通风透光性，主枝中下部距地面过低，湿度大，通风不良，光照不足，新梢生长弱，花芽分化不良，坐果率低，果实品质差。

一般密植园的主干高度以60厘米为宜，高度密植园60～80厘米，超高密植园应提高80～100厘米。

4. 骨干枝数量

主枝和侧枝统称为骨干枝，是养分运输、扩大树冠的器官。原则上在能够满足空间的前提下，骨干枝越少越好，但幼树期过少，短时间内，很难占满空间，早期光能利用率太低，到成龄大树时，骨干枝过多，则会影响通风透光。因此幼树整形时，树小时可多留辅养枝，树大时再疏去。

5. 主枝的分枝角度

主枝分枝角度的大小对结果的早晚、产量、品质有很大影响，是整形的关键之一。调整好主枝角度，削弱骨干枝头、枝组带头枝的生长势，清除骨干枝背上的徒长枝，使树冠中各部位与各类型的枝条的生长势趋于平衡，消除强弱梢之间激烈的营养竞争，使各类枝条都能得到良好的水分和矿质营养供应。

角度过小，表现出枝条生长直立，顶端优势强，易造成上强下弱势力，枝量小，树冠郁闭，不易形成花芽，易落果，早期产量低，后期树冠下部易光秃，同时角度太小易形成夹皮角，负载量过大时易劈裂。角度过大，主枝生长势弱，树冠扩大慢，但光照好，易成花，早期产量高，树体易早衰。

主要树形结构标准及成形过程

一、三主枝开心形

是当前露地栽培桃树的主要树形，骨架牢固、易于培养、光照条件好、易丰产稳产。

1. 结构

三主枝开心形的结构，见图3-1。

① 树 高2.0～3.0米，主枝数量3个，呈波浪曲线延伸。第一主枝最好朝北，距离第二主枝15厘米左右，主枝角度

图3-1 桃三主枝开心形树体结构

60°～70°。第二主枝朝西南，距离第三主枝也在15厘米左右，主枝角度50°～60°。第三主枝朝东南，主枝角度40°～50°，切忌第一主枝朝南，以免影响光照。三主枝自然开心形平面，见图3-2。

② 每主枝选两个侧枝，第二侧枝着生在第一侧枝的对方，并顺一个方向呈推磨式排列。第一主枝上的第一侧枝距主干

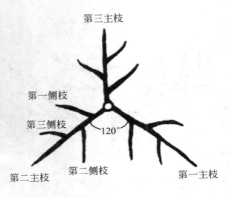

第三主枝

第一侧枝

第三侧枝

120°

第二主枝　　第二侧枝　　　　第一主枝

图3-2　三主枝自然开心形平面示意图

60～70厘米，第二侧枝距第一
侧枝40～50厘米。第二主枝上
的第一侧枝距主干50～60厘米，
第二侧枝距第一侧枝40～50厘
米。第三主枝上第一侧枝距主
干40～50厘米，第二侧枝距第
一侧枝40～50厘米。侧枝要
求留斜枝，角度较主枝大10°～
15°。侧枝与主枝夹角70°左右，
夹角大易交叉，夹角小，通风透
光差。

桃树合理整形修剪图解

③ 结果枝组一般分为大、中、小三种。其中，大型结果枝组长80厘米左右，位于骨干枝两侧，在初果期树上，骨干枝背后可配置大型结果枝组。中型结果枝组长30～40厘米位于骨干枝两侧，或安插在大型枝组之间，可长期保留或改造疏除。小型结果枝组长40～50厘米，位于树冠外围、骨干枝背后及背上直立生长，有空则留，无空则疏。枝组在骨干枝上的配置，是两头稀中间密，顶部以中、小型为主，基部和中部以大、中型为主。

2. 特点

① 主枝少，侧枝强，骨干枝间距离大，光照好；

② 枝组寿命长，修剪轻，树冠较大；

③ 树体易培养和控制；

④ 丰产稳产。

3. 三主枝开心形整形过程

成苗定干高度为60～70厘米，剪口下20～30厘米处要有5个以上饱满芽作整形带。第一年选出3个错落的主枝，任何一个主枝均不要朝向正南。第二年在每个主枝上选出第一侧枝，第三年选第二侧枝。每年对主枝延长枝剪留长度40～50厘米。为增加分枝级次，生长期可进行两次摘心。生长期用拉枝等方法，开张角度，控制旺长，促进早结果。三主枝开心形整形过程见图3-3～图3-7。

图3-3 定干

（定干高度为60 ~ 70厘米，剪口下20 ~ 30厘米处
要有5个以上饱满芽）

图3-4 第一年冬季三主枝方位

图3-5 第二年选出第一侧枝

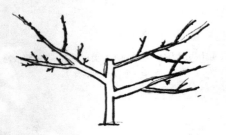

图3-6 第三年选出第二侧枝

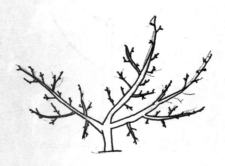

图3-7 第四年成形后

二、二主枝开心形（Y字形）

适于露地密植和设施栽培，是目前提倡应用和推广的主要树形。

1. 特点

① 容易培养，早期丰产性强。

② 光照条件较好。

2. 结构

树高2.5米，干高40～60厘米，全树只有两个主枝，向行间伸展，配置在相反位置，在距地面1米处培养第一侧枝，第二侧枝在距第一侧枝40～60厘米处培养，方向与第一侧枝相反。两主枝的角度是45°，侧枝的开张角度为50°，侧枝与主枝的夹角保持约60°。在主枝和侧枝上配置结果枝组和结果枝。二主枝开心形树体结构见图3-8～图3-10。

图3-8 二主枝开心形树体结构

3. 二主枝开心形整形过程

成苗定干高度60厘米，在整形带选留2个对侧的枝条作为主枝。两个主枝一个朝东，另一个朝西。第一年冬剪主枝剪留长

图3-9 二主枝开心形桃树树体（冬季）

图3-10 二主枝开心形树形桃树（开花状）

度50～60厘米，第二年选出第一侧枝，第三年在第一侧枝对侧选出第二侧枝。其他枝条按培养枝组的要求修剪，到第四年树体基本形成。二主枝开心形整形过程见图3-11～图3-14。

图3-11　定干高度60厘米

桃树合理整形修剪图解

图3-12 第一年冬剪

（选留2个对侧的枝条作为主枝，
主枝剪留长度50～60厘米）

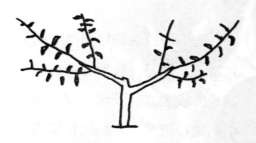

图3-13 第二年夏季摘心

图3-14　第二年冬季

三、纺锤形

1. 结构

适于保护地栽培和露地高密栽培。光照好，树形的维持和控制难度较大，需及时调整上部大型结果枝组与下部结果枝组的生长势，切忌上强下弱。无花粉、产量低的品种不适合培养成纺锤形。

树高2.5～3.0米，干高50厘米。有中心干，在中心干上均匀排列着生8～10个大型结果枝组。大型结果枝组之间的距离是30厘米。主枝角度平均在70°～80°。大型结果枝组上直接着生小枝组和结果枝。树体结构见图3-15。

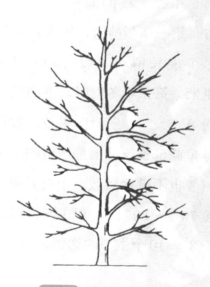

图3-15　主干形树体结构

2. 整形过程

成苗定干高度80～90厘米，在以下30厘米内合适的位置培养第一主枝（位于整形带的基部，剪口往下25～30厘米处），在剪口下第三芽培养第二主枝。用主干上发出的副梢选留第三、四主枝。各主枝按螺旋状上升排列，相邻主枝间间距30厘米左右。第一年冬剪时，所选留主枝尽可能长留，一般留80～100厘米。第二年冬剪时，下部选留的第一、二、三、四主枝一般不再短截延长枝，上部选留的主枝一般也不进行短截。主枝开张角度70°～80°。一般3年后可完成8～10个主枝的选留。

第三节

结果枝组培养与选留

一、结果枝组分类

结果枝组是着生在主、侧枝上的结果单位，按其占有空间大小、着生结果枝数量多少分为小、中、大三类，见图3-16。

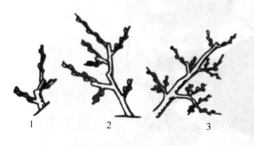

1   2   3

图3-16　结果枝组

1—小型枝组；2—中型枝组；3—大型枝组

1. 小型枝组

所占空间小，一般由3个以下结果枝构成，结果少，寿命短，一般在3～5年内衰亡。

2. 中型枝组

介于二者之间，各类枝组在培养、发展、衰亡过程中可以相互转化。

3. 大型枝组

所占空间大，一般由10个以上的结果枝构成，结果量多，寿命长。

二、结果枝组的合理配置

一般应大、中、小型枝组相间配置。在高度密植栽培中，以中、小型枝组为主；超高密栽培

中，每株树的总枝量就相当于
1～2个大型枝组枝量。

枝组之间需保持一定间
距。同方向的大型枝组之间应
相距60～80厘米，中型枝组
30～40厘米。主枝背上以中、
小型枝组为主，背后及两侧以
中、大型为主。

三、结果枝组的培养与选留

品种类型不同，结果枝花
芽分化质量差异很大，坐果率
高低明显不同，对果品质量也有
影响。北方群品种长枝分化花芽
少，质量差，着生节位高，坐果
率低；而短枝则花芽分化好，花
量大，坐果率高，果实个大品质
好。应该以培养出足够数量的短
果枝，才能满足生产要求。南方

群品种长、中枝易成花结果，修剪上应多保留30～60厘米的结果枝条，短枝全部疏除，减轻疏花疏果工作量。

枝组培养可选择骨干枝上位置适宜的发育枝、徒长枝或徒长性果枝，留20～30厘米重截，去直留斜疏强旺，留2～3个斜生充实的中庸枝。再重短截，然后再去直留斜，并对其中形成的结果枝留10个左右的芽短截。如此1～4年，可形成小、中、大型枝组，见图3-17、图3-18。小型枝组也可利用培养，选择较强壮的中、长结果枝留3～4芽短截，可发出2～3个结果枝，形成小型枝组。

结果枝组在主枝上的分布要均衡，一般小型枝组间距

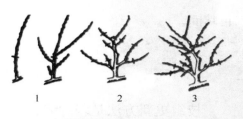

图3-17 修剪前的枝组

1—小型枝组；2—中型枝组；3—大型枝组

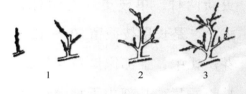

图3-18 修剪后的枝组

1—小型枝组；2—中型枝组；3—大型枝组

20～30厘米，中型枝组间距
30～50厘米，大型枝组间距
50～60厘米。结果枝组的配置
以排列在骨干枝两侧向上斜生为
主，背下也可安排大型枝组。主
枝中、下部培养大、中型枝组，
上部培养中型枝组，小型枝组分

布其间。

四、枝组更新

枝组更新方法是弱时缩、壮时放，放缩结合，维持结果空间。更新方法有单枝更新和双枝更新两种。单枝更新有两种方式，一是长果枝截留10～12个芽，让中、上部饱满花芽结果，枝下垂后，基部由于顶端优势，又会发出优良的结果枝，冬季修剪时回缩到新发枝处，这样可避免结果部位外移，二是利用强壮的长、中结果枝留3～4个芽短截，在结果的同时又能促生发枝，即长出来、剪回去，是幼树上较常利用的方法，见图3-19。双枝更新即在一个部位留两个结果枝，修剪时上位枝长留，以结果为主；下位枝适当短留，以培养预备枝为主，见图3-19～图3-21。

图3-19 桃单枝更新（1）

图3-20 桃单枝更新（2）

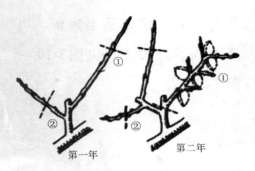

第一年　　　第二年

图3-21　桃双枝更新

第四章

不同年龄时期桃树的修剪

一、幼树及初结果树

1. 定植当年的修剪

（1）定植当年的生长季修剪

① 树形培养　选生长势强、着生方位适宜的新梢作为主枝培养。通过抹芽、新梢短截和疏梢控制其他强梢长势，通过拉枝调整作为主枝培养的强梢的角度与方位。

② 枝组培养、改变新梢构成与提高质量　除作为主枝培养的新梢以外，其他保留下来的新梢以及作为主枝培养的强梢中下部的副梢长度达30～40厘米时进行剪梢，每个被剪新梢或副梢抽生3～5个长度适宜的副梢或二次副梢。

（2）定植当年的冬季修剪

① 主枝头修剪　行距2.5米左右的，经过一年的生长，树冠占有面积率已达70%左右，并已形成足量的结果枝，以后树冠基本上维持现有大小，主枝头作为一般结果枝处理。行距4～6米的，主枝剪去其总长度的1/4，剪口下第一芽留在主枝外侧，以保证下年主枝继续按现有方向向外延伸生长。

② 枝组与其他枝条的修剪　株距不超过2米的不需配备侧枝，不必刻意培养枝组，修剪时只需疏除过强枝和过密枝，留下来的枝条一律按结果枝处理。株距超过2米时，要注意在适当的位置选留健壮枝条作为侧枝培养，方法是剪去先端1/4～1/3。

2. 二年生树的修剪

（1）二年生树的生长季修剪　　主要任务是控制新梢旺长，调整新梢密度，改善树体的通风透光状况。要疏除主枝背上的直立旺梢和树冠中其他部位的旺梢和过密梢。行距小于3米的桃园，要特别注意控制树冠的大小，相邻两行之间的距离要始终控制在50厘米左右，方法是将超出设计空间范围的外围新梢彻底疏除。行距4～6米的，应在6月20日之前对主枝延长梢上的副梢进行剪梢处理，剪留长度15～20厘米。7月中下旬连喷2次15%多效唑200倍液促进花芽分化。

（2）二年生树的冬季修

剪　经过2年的生长，行距4米的桃园的树冠占有面积率也已达到70%左右，树体大小已达到设计要求，整形任务完成。行距2～4米的桃园冬季修剪的主要任务是调整枝条密度，控制树冠大小。要疏除强旺枝和过密枝，回缩株间过度交叉枝和行间超出设定空间的枝条，其余枝条一律按结果枝处理。行距5～6米的桃园，树体大小尚未达到设计要求，主枝延长枝仍留总长度的3/4短截。行距5～6米、株距大于2米的桃园，除主枝延长枝以外，应注意选留第二侧枝。

3. 三四年生树的修剪

行距2～4米的桃园，三四年生树修剪的主要任务是控制树

桃树合理整形修剪图解

体大小，调整与控制枝梢密度，改善果园群体与个体的通风透光状况。修剪方法与二年生超高密栽培园相同。行距 5 ～ 6 米的桃园，树体大小未达到设计要求时，冬季主侧枝延长枝继续剪留 3/4。

二、盛果期树

主要任务是维持树势，调节主侧枝生长势的均衡和更新枝组，防止早衰和内膛空虚。

1. 主枝修剪

盛果初期延长枝应以壮枝带头，剪留长度为 30 厘米左右，并利用副梢开张角度，减缓树势。盛果后期，生长势减弱，延长枝角度增大，应选用角度小、生长势强的枝条，以抬高角度，增强其生长势，或回缩枝头刺激萌发壮枝。

2. 侧枝修剪

对下部严重衰弱、几乎失去结果能力的侧枝，可疏除或回缩成大型枝组。对有空间生长的外侧枝，用壮枝带头。夏季修剪应注意控制旺枝，疏去密生枝，改善通风透光条件。

3. 结果枝组修剪

对结果枝组的修剪以培养和更新为主，对细长弱枝组要更新，回缩并疏除基部过弱的小枝组，膛内大枝组出现过高或上强下弱时，轻度缩剪，降低高度，以结果枝当头。枝组生长势中庸时，只疏强枝。侧面和外围生长的大、中型枝组弱时缩、壮时放，放缩结合，维持结果空间。各种枝组在树上均衡分布。三年生枝组之间的距离应在20～30厘米，四年生枝组距离为30～50厘米，五年生为50～60厘米。调整枝组之间的密度可通过疏枝、回缩，保持各方位的枝条有良好的光照。

4. 结果枝修剪

大果型但梗洼较深的品种以及无花粉的品种，如早凤王、砂子早生、丰白、深州蜜桃、八月脆等品种，以中、短果枝结果为好，冬季修剪时以轻剪为主，先疏去背上的直立枝及过密枝，待坐果后根据坐果情况和枝条稀密再行复剪。长放的枝条，可促发一些中、短果枝，这正是下年的主要结果枝。夏季修剪，通过多次摘心，促发短枝。当树势开始转弱时，及时回缩，促发壮枝，恢复树势。对于有花粉和中、长果枝坐果率高的品种，可根据结果枝的长短、粗细进行短截。一般长果枝剪留20～30厘米，中果枝剪留10～20厘米，花芽起始节位低的留短些，反之留长些。

要调整好生长与结果的关系，通过单枝更新和双枝更新留足预备枝。

第五章

桃树不同品种群修剪特点

一、南方品种群修剪

南方品种群包括春蕾、早香玉、上海水蜜、大久保等品种。南方品种群树体的生长结果特点是：枝性较开张，顶端优势不很明显。树势比较缓和，树体生长比较均衡。开始结果较早，结果部位外移较慢。以中、长果枝结果为主，花芽节位较低，复芽较多，容易坐果。花芽越冬较安全，不容易发生冻花芽。

幼树整形时，定干宜适当高些，对主、侧枝的剪留可适当长些，角度开张不宜过大，后期应注意抬高主枝角度。

修剪量可适当重些，以利促发较多的中、长果枝。

南方品种群桃树始果期较

早，坐果率较高，花芽越冬死亡率较低。结果枝过多时，可适当疏除一部分。或适量短截部分长果枝，以免结果过多，引起树体早衰。

二、北方品种群修剪

北方品种群包括五月鲜、深州蜜桃、安丘水蜜、青州蜜桃、满城雪桃等品种。北方品种群桃树枝性较直立，顶端优势比较明显，生长势强，易上强下弱和内膛光秃。开始结果稍晚，结果部位外移较快。以短果枝和花束状果枝结果为主。

幼树整形，主干宜矮，主枝宜少。其长势较旺，可用充实的副梢作骨干延长枝，加大主、侧枝开张角度，使骨干枝弯曲延

桃树合理整形修剪图解

160

伸，在转折处可培养大、中型结果枝组。

对主、侧枝的修剪，注意开张角度，并应注意疏除骨干枝上的竞争枝和先端的旺枝。对延长枝宜轻剪长放，防止后部衰弱。待后部衰弱时，再缩剪前部，促壮后部。

北方品种群以短果枝和花束状结果枝结果为主，以培养大、中型结果枝组结果为好。修剪量适当从轻，避免重剪刺激，以免促发旺条。

培养结果枝组时，宜以弱枝带头，有利于缓和枝组长势。促生较多的短枝和花束状果枝。疏除旺枝时，切忌连续疏除和1次大量疏除，以免因伤口过多而削弱树势。

壮枝宜长，可多用副梢结果，形成较多的短果枝后，再适当缩剪。中、长果枝宜轻短截；衰弱的短果枝和花束状果枝，适量疏除，不宜短截，以维持和复壮树体的生长结果能力。

在新梢迅速生长期，利用副梢开张角度。内膛弱枝背上发出的直立旺枝应及时疏除。竞争枝可连续摘心，控制过旺生长，防止骨干枝下部光秃。

长梢修剪技术及应用

第一节

长梢修剪技术

一、长梢修剪技术

长梢修剪技术是一种基本不使用短截，仅采用疏枝、回缩和长放的修剪技术。由于基本不短截，修剪后的一年生枝的长度较长（结果枝平均长度一般50～60厘米），故称为长梢修剪技术。长梢修剪技术操作简单、节省修剪用工、冠内光照好、果实品质优良、利于维持营养生长和生殖生长的平衡，已广泛应用。

第六章 长梢修剪技术及应用

二、长梢修剪技术要点

对骨干枝延长枝的修剪，幼树在副梢前留一个芽进行极重短截。成年树取决于树体长势，旺树疏除部分或全部副梢；中庸树压缩至健壮的副梢处；弱树在副梢前留一个芽延长。其他枝条，采取缓放或疏除。结果枝组的培养和更新，主要通过长放枝结果下垂，基部萌生的新梢进行，见图6-1、图6-2。

图6-1 长枝修剪法结果枝及延长枝的留法

更新枝

结果枝

图6-2 长枝修剪技术中结果枝的更新

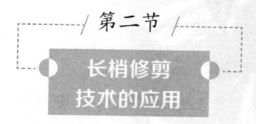

/ 第二节 /

**长梢修剪
技术的应用**

一、长梢修剪技术的应用

1. 应用于以长果枝结果为主的品种

对于以长果枝结果为主的品

种，把骨干枝先端多余的细弱结果枝、强壮的竞争枝和徒长枝疏除，有计划地选用部分健壮或中庸的结果枝缓放或轻剪，结果后以果压势，促进骨干枝中后部枝条健壮生长，达到前面结果，后面长枝，前不旺，后强壮的立体结果目的，如大久保、雪雨露等。

2. 应用于中、短果枝结果的品种

先利用长果枝长放，促使其上长出中、短果枝，再利用中、短果枝结果，如深州蜜桃、丰白、仓方早生、安农水蜜等。

3. 应用于易裂果的品种

利用长梢修剪，让其在长果枝中上部结果，当果实长大

后，便将枝条压弯、下垂，这时
果实生长速度缓和，减轻裂果。
适宜品种有华光、瑞光3号、丰
白等。

二、应用长梢修剪注意事项

应用长梢修剪时，坚持冬剪
长放或疏除的原则。

1. 枝条保留密度

每15～20厘米保留一个
结果枝，同侧枝条之间距离在
40厘米以上。如栽培密度为3
米×5米或4米×6米的成年树，
每株树留长果枝平均在150～
200个。

2. 保留一年生枝长度

保留40～70厘米长度的枝
条较合适。对北方品种群品种，

主要以中、短果枝结果，长果枝保留数量应减少，多保留一些中、短果枝。

3. 保留的一年生枝在骨干枝上的着生角度

树势直立品种，以斜生或水平枝为宜。对开张型品种，主要保留斜上枝。幼年树（尤其是直立型的）可适当多留一些水平枝及背下枝。

4. 结果枝组的更新

果实重量和枝叶能将一年生枝弯曲、下垂，并从基部生长出健壮的更新枝，冬剪时，将已结果的母枝回缩到基部健壮枝处更新。如果在骨干枝上着生结果枝组的附近已长出更新枝，则对该结果枝组进行全部更新，用骨干枝上的更新枝代替结果枝组。

采用长梢修剪时，应及时夏剪，疏除过密枝条和徒长枝。并对内膛多年生枝上长出的新梢进行摘心，实现内膛枝组的更新复壮。同时长梢修剪之后，要疏花疏果，及时调整负载量。

参考文献

[1] 马之胜，贾云云. 桃无公害标准化生产技术. 石家庄：河北科学技术出版社，2006.

[2] 王国英，王立国. 北方果树整形修剪技术百问百答. 第2版. 北京：中国农业出版社，2010.

[3] 张玉星. 果树栽培学各论（北方本）. 北京：中国农业出版社，2003.

[4] 张文，沙海峰，郝美玲. 桃树栽培技术问答. 北京：中国农业大学出版社，2008.

[5] 尚晓峰. 果树生产技术（北方本）. 重庆：重庆大学出版社，2014.

[6] 郗荣庭，曲宪忠. 河北经济林. 北京：中国林业出版社，2001.

[7] 陈敬谊. 桃优质丰产栽培实用技术. 北京：化学工业出版社，2016.